电网调控机构
反违章指南

国家电力调度控制中心　组编

中国电力出版社
CHINA ELECTRIC POWER PRESS

内 容 提 要

本书是 2012 版《电网调控机构反违章指南》的修订版，从综合安全、调度控制、调度计划、系统运行、水电及新能源、继电保护、自动化、设备监控管理、网络信息安全九个方面梳理了典型违章现象，提出了应对措施，以提升电网调控机构的安全水平。

本书可供国家电网公司各级调控机构人员学习参考。

图书在版编目（CIP）数据

电网调控机构反违章指南/国家电力调度控制中心组编. —北京：中国电力出版社，2018.3（2018.4 重印）

ISBN 978-7-5198-1724-4

Ⅰ．①电…　Ⅱ．①国…　Ⅲ．①电力系统调度–安全管理–指南
Ⅳ．①TM73-62

中国版本图书馆 CIP 数据核字（2018）第 021545 号

出版发行：中国电力出版社
地　　址：北京市东城区北京站西街 19 号（邮政编码 100005）
网　　址：http://www.cepp.sgcc.com.cn
责任编辑：刘丽平
责任校对：郝军燕
装帧设计：张　娟
责任印制：邹树群

印　　刷：三河市万龙印装有限公司
版　　次：2018 年 3 月第一版
印　　次：2018 年 4 月北京第二次印刷
开　　本：850 毫米×1168 毫米　32 开本
印　　张：2.25
字　　数：50 千字
印　　数：25001—28000 册
定　　价：10.00 元

编 委 会

国调中心关于印发
《电网调控机构反违章指南
（2017年版）》的通知

（调技〔2017〕157号）

各分部，各省（自治区、直辖市）电力公司：

为夯实电网运行安全基础，深化电网调控机构反违章管理，强化安全培训教育，按照2017年调度控制重点工作任务安排，国调中心组织修编了《电网调控机构反违章指南（2017年版）》，现予印发，请组织做好学习培训及贯彻落实。

国调中心（印）

2017年11月15日

前　言

随着大运行体系建设深入，调控专业标准体系和管理制度体系进一步完善，2012 年版《电网调度机构反违章指南》已不能完全适应调控机构反违章工作要求。国调中心为进一步提升本质安全水平，在 2012 年版《电网调度机构反违章指南》的基础上，组织有关单位开展修订工作。本次修订重点以 2014 年后公司发布的企业标准、通用制度和管理规范为依据，重新梳理了电网调控工作中较为普遍、典型的违章现象，提出防范措施，实现调控机构各层级、各专业全面覆盖，提升电网调控机构安全水平。

本指南适用于国家电网公司各级调控机构，由国家电力调度控制中心提出并负责解释。

编　者

目　　录

前言

第一章　概　　述

一、违章定义

违章是指在电力生产活动过程中，违反国家和电力行业安全生产法律法规、标准、规程，违反公司安全生产规章制度、反事故措施、安全管理要求等，可能对人身、电网和设备构成危害并容易诱发事故的管理的不安全作为、人的不安全行为、物的不安全状态和环境的不安全因素。

1. 管理违章

管理违章是指各级领导、管理人员不履行岗位安全职责，不落实安全管理要求，不健全安全规章制度，不执行安全规章制度等的各种不安全作为。

2. 行为违章

行为违章是指现场作业人员在电力建设、运行、检修、营销服务等生产活动过程中，违反保证安全的规程、规定、制度、反事故措施等的不安全行为。

3. 装置违章

装置违章是指生产设备、设施、环境和作业使用的工器具及安全防护用品不满足标准、规程、规定、反事故措施等的要求，不能可靠保证人身、电网和设备安全的不安全状态和环境的不安全因素。

二、违章原因及危害

1. 违章原因

调控机构违章现象的主要原因表现为：规章制度不全或管理

监督缺位；漠视安全法规及有关规章制度，对安全生产过程中存在的危险点、危险源认识不清；保护及自动化二次设备未严格执行有关技术标准；职责分工不明确，履行职责不到位，部分员工不良的工作习惯。

2. 违章危害

各类违章破坏了正常的安全生产管理制度，影响了正常生产调度秩序，极易引发各类电网调度事故，带来人身、电网、设备损失。

三、防范措施

1. 强化领导，落实责任

各级领导应带头遵守安全生产规章制度，积极参与反违章，按照"谁主管、谁负责"的原则，督促落实反违章工作要求，将反违章工作常态化，建立反违章长效机制。

2. 完善规章制度，消除制度漏洞

不断完善安全规章制度，根据电网技术发展，专业管理变化以及反事故措施的发展，及时动态修订及补充标准、规程、规章制度，使调控各项业务有据可依，从组织管理和规章制度建设上预防违章。

3. 强化内控，推进业务流程标准化

强化安全内控建设，推行业务流程标准化，充分应用调控技术支持系统，固化调控核心业务流程，规范业务中的每个具体步骤、操作方式、关键点和危险点防控，确保业务流转的每个节点有标准、有规范、有痕迹、有监督、有考核，通过强化技术支撑手段减少违章的机会和条件。

4. 加强培训，开展自查自纠

结合电网运行实际及发展要求，分层级、分专业开展标准、规章制度以及专业技能培训，使调控机构各专业人员树立全员安全理念，具备应有的业务素质，提高辨识违章、纠正违章和防止违章的能力。

5. 完善监督，加强惩治

加强反违章工作监督检查，建立上级对下级检查、同级安全生产监督体系对安全生产保证体系进行督促的监督检查机制。严肃处罚违章行为，加大对重复性违章的处罚力度，健全反违章监督考核机制。

第二章 典型违章现象及应对措施

一、综合安全

1. 安全责任保障体系责任落实不到位。（管理违章）

违章内容： 违反《国家电网公司调控机构安全工作规定》第三条"调控机构实行以主要负责人为安全第一责任人的安全生产责任制，建立健全安全生产责任体系、保证体系和监督体系"。

应对措施： 调度机构应坚持党政同责、一岗双责、齐抓共管、失职追责，各专业分工协作，各负其责，层层落实岗位安全职责。

2. 安全目标分解不到位。（行为违章）

违章内容： 违反《国家电网公司调控机构安全工作规定》第十五条"根据本岗位的安全职责制定，应具有针对性、层次性，实行多层级控制"。

应对措施： 结合专业实际和岗位层级，分解、制定各专业、各岗位安全目标，分层级签订安全生产责任书，同时将安全生产责任书在调控安全管控平台系统挂载发布。

3. 安全责任监督体系不完善。（管理违章）

违章内容： 违反《国家电网公司调控机构安全工作规定》第十七条"调控机构应建立所辖电网调控系统安全监督网络，调控机构内部应建立中心、处（科）两级安全监督体系"。

应对措施： 建立省、地、县三级调控机构安全监督网络，建立监督考核机制，设置专职（兼职）的安全专责，各专业设置兼职安全专责，负责开展本专业的安全监督工作。

4. 调度核心业务标准化工作流程执行不规范。（行为违章）

违章内容：违反《国家电网公司调控机构安全工作规定》第四十八条"应针对新设备启动、调度倒闸操作、调度自动化系统设备检修、日前停电计划、继电保护定值整定及流转、技术支持系统使用等电网主要生产活动，按要求开展核心业务流程及标准化作业程序建设"。

应对措施：严格执行国调中心发布的核心业务流程，在流程中固化工作节点内容、时标，流程节点符合要求，流转过程实现上下支撑、实时监督。

5. 调度核心业务流程事后监督考评未开展。（行为违章）

违章内容：违反《国家电网公司调控机构安全工作规定》第四十九条"应加强核心业务流程从建立、执行到审计、监督、评估和改进的全过程管理"。

应对措施：建立流程运转安全监督机制，依托技术支持系统，实现对参与者的评价考核，按月（季）周期性开展流程运转评价审计，编制流程监督评价报告，整改暴露的问题，实现对流程运转暴露问题的闭环整改。

6. 规程、技术标准和专业实施细则未及时修编，执行不到位。（行为违章）

违章内容：违反《国家电网公司调控机构安全工作规定》第二十五条"调控机构应规范直调系统运行及专业实施细则的建设，定期修编各类实施细则，保证其实效性和可操作性"。

应对措施：调度管理规程应3～5年修订一次，其他有关规程、规定、制度按照要求及时补充和修订；建立分级分类目录，并将目录和相关文件在调控安全管控平台系统发布。

7. 人员培训制度未落实，未制定培训计划、未及时组织培训。（行为违章）

违章内容：违反《国家电网公司调控机构安全工作规定》第

二十八条"调控机构应每年制定安全生产教育培训计划,建立培训考核机制,定期培训,保证员工具备适应岗位要求的安全知识和安全技能"。

应对措施:制定各专业人员的培训计划并组织实施,安全培训教育内容应至少包括《国家电网公司安全工作规定》《国家电网公司安全事故调查规程》《国家电网公司电力安全工作规程》等规程规定和事故案例,并结合调控运行特点和调控日常业务开展安全学习。

8. 安全隐患排查治理不到位,未及时开展或制定整改计划、未落实整改措施。(行为违章)

违章内容:违反《国家电网公司调控机构安全工作规定》第四十六条"调控机构应定期开展各专业的隐患排查和治理工作。对发现的安全问题进行评估,并建立信息库和"发现、评估、建档、治理、验收、销号"的整改流程,实现全过程动态监控和"一患一档"管理。

应对措施:结合电网年度和临时运行方式分析、各类安全性评价、安全标准化查评等工作,定期开展安全大检查活动,对排查出的安全隐患制定整改计划并监督实施,对整改结果进行分析、总结,实现隐患排查治理的闭环管控。

9. 突发事件应急机制不完善。(管理违章)

违章内容:违反《国家电网公司安全工作规定》第四条"应建立和完善应急管理体系,构建事前预防、事中控制、事后查处的工作机制"。

应对措施:强化应急机制建设,建立完备预案体系,应急预案内容应具体、详实、可操作性强;定期组织开展预案的应急演练工作,并加强对演练的分析,及时查找存在的问题,提出预案及演练的改进意见。

10. 应急预案没有及时更新，上下级调控预案不协调。（行为违章）

违章内容：违反《国家电网公司调控机构安全工作规定》第五十四条"每年结合实际对调控机构各项预案、处置方案进行一次评估，根据评估结果，及时组织预案修订工作"。

应对措施：根据应急法律法规和有关标准变化情况、电网安全评价结论以及应急处置情况等，每年对应急预案进行评估，根据评估结果及时组织修订；调度应急预案涉及多个调控中心的，由上级调控中心组织共同研究和统一协调应急过程中的处置方案，明确上下级调控中心协调配合要求。

11. 应急预案针对性和实用性不强。（行为违章）

违章内容：违反《国家电网公司应急预案管理办法》第九条"应急预案的内容应突出实际、实用、实效的原则"。

应对措施：预案编制应结合电网实际，依据有关方针政策、法律、法规、规章、制度、标准开展编制，应急预案内容应具体、详实、具有针对性，措施应符合实际，操作性强。

12. 未定期开展反事故演习及应急演练。（行为违章）

违章内容：违反《国家电网公司调控机构安全工作规定》第五十五条"省级以上调控机构应定期组织反事故演习"。

应对措施：建立定期反事故演习制度，每月调度运行专业至少进行 1 次反事故演习，每年至少进行 1 次两级及以上调控机构参加的联合反事故演习，反事故演习使用调度员仿真培训系统。

13. 未开展反事故演习后评估或分析评估内容不完备。（行为违章）

违章内容：违反《国家电网公司调控机构安全工作规定》第五十五条"联合反事故演习应组织相关人员现场观摩，并开展反事故演习后评估"。

应对措施：调度各专业定期开展反事故演习，演习后应组织导演、参演、观摩人员开展演习评估。演习评估应至少包含演习方案、处理主要步骤、演习点评三大部分，评估切实结合演习及电网运行实际，评点不足，突出实战效果。

14. 调控运行人员持证上岗制度执行不到位。（行为违章）

违章内容：违反《电网调度管理条例》第十一条"调度系统值班人员须经培训、考核并取得合格证书方得上岗"。

应对措施：调控机构应按规定制定所辖范围内的调控运行人员持证上岗制度，每年定期举办持证上岗培训考试，严禁调度员对无证人员开展调度业务联系。

15. 未定期召开安全分析会，未定期开展安全日活动。（行为违章）

违章内容：违反《国家电网公司调控机构安全工作规定》第三十五条"调控机构应定期召开季度安全分析会，会议由调控机构安全生产第一责任人主持，相关专业人员参加，会后应下发会议纪要"。

应对措施：调控机构每季召开安全分析会，分析安全形势，查找安全漏洞，提出具体要求及整改措施，并形成会议纪要；每年至少组织 2 次以上安全日活动，各专业每月至少进行 1 次安全日活动，并记录备案。

16. 新进员工安全培训教育不健全。（行为违章）

违章内容：违反《国家电网公司调控机构安全工作规定》第三十条"调控机构新入职人员必须经处（科）安全教育、中心安全培训并经考试合格后方可进入专业处（科）开展工作"。

应对措施：新进人员入职后，必须及时组织调控机构、专业处室的两级安全教育，安全教育培训的主要内容应包括电力安全生产法律法规、技术标准、规章制度及调控机构制定的安全生产相关工作要求，并按规定组织考试，合格后方能安排具体工作。

17. "四不放过"原则执行不到位。（行为违章）

违章内容：违反《国家电网公司安全事故调查规程》第 1.6 条"安全事故调查应做到事故原因未查清不放过、责任人员未处理不放过、整改措施未落实不放过、有关人员未受到教育不放过"。

应对措施：发生事故后严格按照"四不放过"的原则进行调查处理，严厉追究不按"四不放过"原则进行调查处理的相关领导及责任人的责任。

18. 反违章监督管理不完善。（管理违章）

违章内容：违反《国家电网公司安全生产反违章工作管理办法》第三十条"各单位应加强反违章工作监督管理和考核，建立完善反违章工作考核激励约束机制"。

应对措施：按照国家电网公司安全生产反违章工作要求，制定反违章考核办法；反违章监督检查一旦发现违章现象，应立即制止、纠正，说明违章判定依据，做好违章记录，下达违章整改通知书，督促落实整改措施。

19. 日常安全监督执行不到位。（行为违章）

违章内容：违反《国家电网公司调控机构安全工作规定》第二十一条"各专业安全员应开展本专业核心业务评估及控制要点的日常检查，提出安全风险控制措施建议，安全员开展核心业务月度监督检查，按月形成监督查评报告"。

应对措施：加强安全监督网络成员的安全培训，提高安全监督能力，完善安全监督网络各岗位的安全职责，履行对专业管理的安全监督；定期开展安全监督网络活动，分析安全监督工作暴露的问题，并提出改进工作的建议。

20. 外来支撑人员管理不到位。（管理违章）

违章内容：违反《国家电网公司安全工作规定》第四十三条"外来工作人员必须经过安全知识和安全规程的培训，并经考试合格后方可上岗"。

应对措施：建立健全外来支撑人员登记、安全资质检查审核制度，对外来支撑人员进行安全、保密和其他纪律教育，进行安全知识考试，经考试合格后方能开展工作；外来支撑人员在调控机构工作期间必须佩戴格式统一的身份标识牌；对现场施工的危险点及注意事项应交代清楚，并设专人监督。

21. 员工消防培训不到位，消防器材使用不清楚，消防设施不熟悉。（行为违章）

违章内容：违反《国家电网公司安全工作规定》第四十二条"所有生产人员应学会自救互救方法、疏散和现场紧急情况的处理，所有员工应掌握消防器材的使用方法"。

应对措施：调控机构应设立兼职消防员，定期全员开展消防知识培训，提高扑救初期火灾的能力和组织人员疏散逃生的能力。

22. 使用外网计算机处理、存储企业秘密或通过外网邮箱发送企业秘密。（行为违章）

违章内容：违反《国家电网公司保密工作管理办法》第六十八条"严禁通过互联网传输涉密信息。公司信息内网不得传输国家秘密事项，公司信息外网不得传输国家秘密事项、企业秘密事项"。

应对措施：调控机构的计算机和网络必须采取有效防护措施且严格管理；养成良好的保密习惯和行为，严格按照保密规定使用和管理涉密计算机、涉密移动存储介质和涉密文件资料；严禁办公及生产用计算机违规外连。

23. 信息保密制度执行不严格，重要文档资料随意堆放，随意向无关人员或在公开刊物上发表涉及公司的保密内容。（行为违章）

违章内容：违反《国家电网公司保护商业秘密规定》第二十八条"凡涉及公司商业秘密的各种载体，应设专人管理；公司所有员工未经批准不准在各类媒体上发表涉及公司商业秘密的内容和信息"。

应对措施：严格执行国家电网公司信息保密制度，每年组织开展一次以上全员保密教育活动；严格规范文件的流转和使用流程，重要文档设专人定期整理归档；健全论文公开发表保密审核制度，对需要发表的论文履行审批手续；对违反保密制度的行为要严肃处理。

24. 工程项目安全管理不到位，安全责任不清，防范措施不健全。（管理违章）

违章内容：违反《国家电网调控机构安全工作规定》第六十九条"调控机构立项的工程项目在签订合同的同时应签订安全（保密）协议，安全（保密）协议中应具体规定双方各自应承担的安全责任和评价考核条款"。

应对措施：对承包方应进行资质审查，并依法签订安全协议，明确双方应承担的安全责任；开工前对施工方进行安全技术全面交底，严格执行工程"三措"制度，并定期开展现场监督。

25. 对参观人员管理不到位，泄露接待信息。（行为违章）

违章内容：违反《国家电网公司接待工作管理办法》第十七条"第七款　接待单位和参与接待工作的人员，必须严格执行国家电网公司有关保密规定，加强相关文件的管理，切实做好保密工作，不得对外泄露接待任务的行动路线、住地、活动日程安排等"。

应对措施：建立健全外来参观人员登记审核制度并严格把关；落实外来参观的全程陪同人员；明确供参观场所的安全和保密要求并悬挂相应的提示标牌。

26. 调控大厅、自动化机房等生产场所防火安全管理不到位。（管理违章）

违章内容：违反《国家电网公司电网设备消防管理规定》第二十条"各级电网设备消防管理部门应及时消除电网设备存在的火灾隐患，对违反消防安全规定的情况，应责成有关人员立即整改"。

应对措施：防火场所设置明显的消防警示标志，定期检查消防栓、灭火器材；禁止在调控大厅、自动化机房等生产场所吸烟、使用明火等；妥善管理手机等电子充电设备，下班离开办公室前应切断电器电源。

27. 部门印章管理不规范。（行为违章）

违章内容：违反《国家电网公司印章使用管理规定》第三部分"印章应指定专人负责管理，除发文会章外，严禁携带印章外出。擅自用印或由于管理不善将印章丢失的，追究经办人员与直接领导的责任"。

应对措施：制定印章保管和用印规定，严格执行用印内容留存、备份制度；提高印章管理人员风险意识，严格执行用印程序；妥善保管印章，不得将印章置于桌面或抽屉不上锁就离开。

28. 涉密文件和资料管理不善。（行为违章）

违章内容：违反《国家电网公司保护商业秘密规定》第二十八条"对各种载体的管理：（一）凡涉及公司商业秘密的各种载体，应设专人管理。因工作需要借阅使用时，应认真填写借阅单，并经分管领导签字确认后方可借阅。（二）含有公司商业秘密的文件、资料等未经批准不得复制和摘抄。（三）公司所有员工未经批准不准在各类媒体上发表涉及公司商业秘密的内容和信息"。

应对措施：严格执行国家电网公司信息保密制度，加强宣传；严格规范文件的流转和使用流程，重要文档设专人定期整理归档；对违反保密制度的行为要追究责任，严肃处理。

29. 涉密计算机密码管理不规范。（行为违章）

违章内容：违反《国家电网公司涉密办公自动化设备保密管理规定》第十九条"涉密计算机保管员应按要求设置开机密码策略。涉密计算机保管员变更后，必须更换涉密计算机开机密码。涉密计算机保管员不能在任何场合透露涉密计算机用户名和密码，离开涉密计算机时应锁定系统或关闭计算机"。

应对措施：严格执行《国家电网公司涉密办公自动化设备保密管理规定》；落实保管员、监督员双人监管机制，保管员负责涉密办公设备的保管和日常使用，监督员负责对涉密办公设备日常使用情况进行监督。调控中心内、外网计算机也应参照上述保密规定要求，进行密码管理。

30. 备调场所管理不到位，存在场所巡视不到位、门禁系统未配置或未启用、门禁系统权限未及时调整的现象。（行为违章）

违章内容：违反《国家电网公司调控系统预防和处置大面积停电事件应急工作规定》第一百一十六条"备调应纳入所在地生产场所安防体系，严格执行备调场所管理及保密制度。"

应对措施：加强备调场所管理，实行 24 小时保卫值班，定期开展巡视检查；合理配置并启用门禁系统，规范管理门禁系统权限并根据人员变动情况及时更新。

31. 备调技术支持系统管理不到位，存在备调电网模型、参数与主调不一致的现象。（行为违章）

违章内容：违反《国家电网公司省级以上备用调度运行管理工作规定》第四条"主、备调调度技术支持系统应保持同步运行，备调技术支持系统升级改造也应与主调系统同步进行，确保电网模型和信息一致。设备新投、变动时，主调模型、数据应保证及时同步到备调。"

应对措施：主调配备备调技术支持系统专用终端，监视备调技术支持系统运行工况；定期同步更新备调调度技术支持系统电网模型及参数，遇有新投、异动时，主调应在 3 个工作日内同步到备调技术支持系统。

32. 备调资料管理不到位，备调资料与主调不一致。（行为违章）

违章内容：违反《国家电网公司省级以上备用调度运行管理

工作规定》第三十条"资料管理要求：（一）备调值班人员应及时做好备调运行资料更新，确保运行资料的准确性和一致性。"

应对措施： 各专业人员负责定期更新本专业主、备调电子版资料和书面资料，电子版资料至少每周同步更新一次，书面资料至少每月同步更新一次。

33. 备调预案体系不健全。（管理违章）

违章内容： 违反《国家电网公司省级以上备用调度运行管理工作规定》第二十九条"（一）主调应针对可能发生的突发事件及危险源制定备调启用专项应急预案。（二）备调所在地的调控机构应制定以下预案（方案）：1. 备调场所突发事件应急预案；2. 备调技术支持系统故障处置方案；3. 备调通信系统故障处置方案"。

应对措施： 严格落实预案管理相关规定，根据主、备调实际情况制定备调启用专项应急预案和各项处置方案，定期开展滚动修编和全面修订。

34. 备调应急演练管理不到位，未定期开展主、备调系统切换演练或演练后未开展评估。（管理违章）

违章内容： 违反《国家电网公司调控机构安全工作规定》第六十一条"调控机构应每年制定备调演练计划，组织开展相应业务演练层面的月度演练、季度演练和年度演练"。

应对措施： 每月组织一次调控运行、自动化、通信专业参与的专业演练；每季度组织一次全专业参与的备调短时转入应急工作模式、调控指挥权不转移的整体演练；每年组织一次全专业参与的备调短时转入应急工作模式、调控指挥权转移的整体演练；演练结束后各专业进行评估，对发现的问题限期整改。

35. 项目管理不规范，调控核心业务违规外包。（管理违章）

违章内容： 违反《国家电网公司供电企业业务外包管理办法》第四条"核心业务不得外包，常规业务可根据各单位人力资源实际情况适度开展外包，其他业务宜推进外包"。

应对措施：准确区分界定调控技术装备软硬件日常运行维护与调控业务外包，严格执行《国家电网公司供电企业业务外包管理办法》，在规范合理引入外部技术力量开展调控技术装备软硬件日常运行维护的同时，严厉杜绝调控各类业务外包。

36. 反违章责任落实不到位，存在未落实反违章工作要求的现象。（管理违章）

违章内容：违反《国家电网公司安全生产反违章工作管理办法》第九条"各级领导应带头遵守安全生产规章制度，积极参与反违章，按照'谁主管、谁负责'原则，组织开展分管范围内的反违章工作，督促落实反违章工作要求"。

应对措施：各级调控机构应成立反违章工作领导机构，落实反违章工作责任，定期修订年度反违章工作目标和重点措施，重点措施纳入本单位年度重点工作计划。

37. 反违章监督考核不到位，存在未开展反违章统计、分析、通报的现象。（行为违章）

违章内容：违反《国家电网公司安全生产反违章工作管理办法》第二十一条"以月、季、年为周期，统计违章现象，分析违章规律，研究制定防范措施，定期在安委会会议、安全生产分析会、安全监督（安全网）例会上通报有关情况"。

应对措施：在各级调控机构网站、公示栏等内部媒体上开辟反违章工作专栏，对各种违章现象予以通报。定期分析违章规律，制定防范措施，在安全生产分析会上通报违章行为。

38. 安全检查责任落实不到位，存在未开展迎峰度夏（冬、汛）、节假日及特殊保电时期等安全检查的现象。（行为违章）

违章内容：违反《国家电网公司调控机构安全工作规定》第三十七条"调控机构应执行迎峰度夏（冬、汛）、节假日及特殊保电时期等安全检查制度，根据季节性特点、检修时段，每年组织不少于一次调控系统安全专项检查"。

应对措施：每年应结合公司春、秋季安全大检查或开展专项安全检查工作，落实调控安全责任。针对节假日及特殊保电时段，编制和落实安全保障措施。

39. 涉网安全检查执行不到位，存在调控机构未履行对并网发电厂涉网安全监督职能的现象。（行为违章）

违章内容：违反《国家电网公司调控机构安全工作规定》第六十五条"调控机构应履行对并网发电厂涉网安全监督的职能"。

应对措施：严格审核新、改、扩建发电机组的并网必备条件，经技术认定、评审合格后，方可进入商业运行。每年应定期检查已并网发电机组是否符合并网必备条件。对存在问题的，及时发出整改通知书，督促发电企业按要求进行整改。对并网发电厂发生涉及电网安全的异常和故障，调控机构应及时组织技术分析和评估，并督促完成事故分析与评估报告，采取有效的预防和整改措施。

40. 风险管理不健全，未建立风险预警机制，未开展安全保障能力评估。（管理违章）

违章内容：违反《国家电网公司调控机构安全工作规定》第四十条"应全面实施安全风险管理，推行安全管理标准化，对各类安全风险进行超前分析和流程化控制"。

应对措施：调控机构应针对电网运行、技术支持系统和场所环境中存在的隐患、缺陷和问题，组织年度方式分析、安全保障能力评估、隐患排查治理、安全大检查等工作，系统辨识安全风险，落实整改治理措施；应建立风险预警机制，开展月度计划、日计划运行方式分析工作，及时发布（或配合发布）电网运行风险预警通知书；应按照公司安全生产保障能力评估标准，每年开展自查评工作，针对存在的问题制定整改计划并落实整改。

41. 未开展并网发电企业的反事故措施的监督检查。（行为违章）

违章内容：违反《国家电网公司调控机构安全工作规定》第

六十六条"调控机构制定的反事故措施,涉及并网发电企业的,并网发电企业应予以落实"。

应对措施: 每年对涉及并网发电企业的反事故措施进行分类整理,定期召开厂网协调会,通报反事故措施的整改进度。按照《并网发电厂辅助服务管理实施细则》和《发电厂并网运行管理实施细则》要求按月开展闭环管理。

42. 信息统计分析不规范,未采用调度口径数据。(行为违章)

违章内容: 违反《国家电网公司调控运行信息统计分析管理办法》第十一条"(二)调控运行信息统计分析采用调度口径数据。调度口径指县级以上调控部门调度管辖范围内的电网调控运行数据统计口径"。

应对措施: 调度机构加强调控运行信息统计分析配套应用功能建设,尽量减少人工填报数据,规范调度口径数据的整理和分析,确保数据来源真实可靠。

43. 调度运行信息不真实。(行为违章)

违章内容: 违反《国家电网公司调控运行信息统计分析管理办法》第十一条"各级调控部门应加强调控运行信息统计分析配套应用功能建设,为调控运行信息统计分析提供真实、可靠的数据来源,尽量减少人工填报数据,保证统计分析基础数据的及时性、准确性"。

应对措施: 加强技术支撑手段建设,严肃数据报送工作;坚持源端维护的原则,采用调度口径数据。减少人为干预,确保数据的准确性。上级调度机构加强对下级调度机构报送数据准确性的考核。

44. 不熟练掌握触电现场急救、疏散逃生等安全技能。(行为违章)

违章内容: 违反《国家电网公司调控机构安全工作规定》第三十二条"调控机构人员应学会自救互救方法、疏散和现场紧急情况的处理，应熟练掌握触电现场急救方法，所有员工应掌握消防器材的使用方法"。

应对措施：开展触电急救、消防器材使用、火灾处置及逃生等有关安全知识培训，定期开展相应的演练，不断提升调控人员日常安全技能。

二、调度控制

45. 调控运行值班员长期脱离工作岗位，未经跟班实习就正式上岗。（行为违章）

违章内容：违反《国家电网公司调控机构安全工作规定》第六章教育培训第二十八条款"离开调控运行岗位 3 个月及以上的调控人员，应重新熟悉设备和系统运行方式，并经安全规程及业务考试合格后，方可重新开展调控运行工作"。

应对措施：调控运行值班人员离岗一个月以上者，应跟班 1～3 天熟悉情况后方可正式值班；离开调控运行岗位 3 个月及以上的调控人员，应重新熟悉设备和系统运行方式，并经安全规程及业务考试合格后，方可重新开展调控运行工作；调控运行值班人员定期到现场熟悉运行设备，尤其重视新投运设备和采用新技术的设备。

46. 值班期间做与值班无关的事情。（行为违章）

违章内容：违反《电网调度管理条例》第七章罚则第二十七条款"调度系统的值班人员玩忽职守、徇私舞弊，对主管人员和直接责任人员由其所在单位或者上级机关给予行政处分"。

应对措施：严肃值班纪律，相互监督，建立值班管理制度，强化值班考核管理；对违反值班规定者给予通报、批评、教育。

47. 值班时迟到、早退、未经许可擅自离开岗位或私自换班。（行为违章）

违章内容：违反《国家电网公司调控机构调控运行交接班管

理规定》第三章交接班管理第五条"调控人员应按调度控制专业（以下简称调控专业）计划值班表值班，如遇特殊情况无法按计划值班时，需经调控专业负责人同意后方可换班"。

应对措施：建立值班考勤制度，可采取定时签到、不定时考勤等方式，加强值班考勤管理，值班员换班需经调度处（科）负责人同意；严禁值班人员违反规定连续值班，建立安全员检查机制，定期抽查；建立值班管理制度，强化值班考核管理。

48. 调控运行值班人员酒后值班。（行为违章）

违章内容：违反《国家电网公司员工服务"十个不准"》"不准在工作时间饮酒及酒后上岗"。

应对措施：严肃值班纪律，相互监督，建立值班管理制度，强化值班考核管理；对值班人员进行案例教育，加深对酒后值班危害的认识；一经发现酒后值班，立即取消值班人员值班资格，并严肃处理。

49. 调控运行值班人员配置不足，不满足调控值班需求。（管理违章）

违章内容：违反《国家电网公司调控机构安全工作规定》第五十条"调控机构应建立值班人员承载工作量分析机制，合理调配调度员、监控员值班期间的人数与工作量，高效、安全开展电网运行工作"。

应对措施：加强调控值班人员承载工作量分析，合理配置人员数量，避免调控人员长期超负荷运转。

50. 调控运行值班人员在值班期间玩忽职守，导致电网无人监控。（行为违章）

违章内容：违反《电网调度管理条例》第二十七条"调度系统的值班人员玩忽职守"。

应对措施：严肃值班纪律，相互监督，建立值班考核制度；对违反值班规定者给予通报、批评、教育。

51. 交接班人员不齐就进行交接班或不按时交接班。（行为违章）

违章内容：违反《国家电网公司调控机构调控运行交接班管理规定》第三条"调控人员负责按规定完成电网实时运行交接班工作，准确无误地传递电网运行信息"。

应对措施：严格执行交接班管理制度，交接班时间不到或人员不齐均不得进行交接班；交班人员提前30分钟做好交班准备工作，接班人员提前15分钟到岗了解系统情况。

52. 交接班工作管理不规范，交班人对系统运行方式和注意事项错交、漏交或交代不清，接班人有疑问未能核实清楚。（行为违章）

违章内容：违反《国家电网公司调控机构调控运行交接班管理规定》第三条"调控人员负责按规定完成电网实时运行交接班工作，准确无误地传递电网运行信息"。

应对措施：交班值应按照规定向接班值详细说明当前系统运行方式、设备检修、设备缺陷等内容及其他重点事项，交接班由交班值调度长（正、主值）主持进行，同值调度员、监控员可进行补充；接班值理解和掌握所交代的电网情况，交班值须待接班值全体人员没有疑问后，方可完成交班。

53. 现场不具备工作条件许可时，调控运行值班人员在值班期间未认真核对，盲目许可，造成电网故障和人身事故。（行为违章）

违章内容：违反《国家电网公司电力安全工作规程 变电部分》第6.3.11.3条"工作许可人"的要求。

应对措施：在答复检修工作申请单前，应首先核对工作内容及运行方式，确保工作内容与工作要求的安全措施匹配；设备停电检修许可前，应再次检查该许可设备确已操作停役，并核对调度大屏（模拟盘）、调控技术支持系统与现场设备运行状态无误，方可下达开工许可。

54. 调控运行值班向未取得上岗证的值班人员进行调控业务联系。（行为违章）

违章内容：违反《电网调度管理条例》第十一条"调度系统值班人员须经培训、考核并取得合格证书方可上岗"。

应对措施：严格执行持证上岗考试制度；运行人员的持证上岗考试资料信息公开化；不定期对持证人员进行复查，及时维护持证上岗人员信息库；加强技术支撑手段建设，推进持证上岗信息与 OMS 系统中调控业务的关联。

55. 调控运行值班人员进行业务联系时不使用调度录音电话。（行为违章）

违章内容：违反《国家电网调度控制管理规程》第三章调度管理制度第 3.4 条"进行调度业务联系时，必须使用普通话及调度术语，互报单位、姓名。严格执行下令、复诵、录音、记录和汇报制度"。

应对措施：进行业务联系的双方应遵守调度、监控规程规定，使用录音电话，并做好记录，定期对调度录音进行抽查。

56. 值班员对业务单中各处室审批意见有疑问时，未经确认继续执行或擅自更改执行。（行为违章）

违章内容：违反《国家电网公司电力安全工作规程　变电部分》第 6.3.11.3 条"工作许可人"的要求。

应对措施：值班员对业务单中各处室的批注意见有疑问时，必须与相关批复处室的负责人进行核实，得到明确答复并经主管领导许可后，方可更改执行。

57. 调度人员对新设备启动调试方案不熟悉就下令操作。（行为违章）

违章内容：违反《国家电网调度控制管理规程》第六章输变电设备投运管理第 6.5 条"新设备启动前，有关人员应熟悉厂站设备，熟悉启动试验方案和相应调度方案及相应运行规程规定等"。

应对措施：新设备投运前，调度员应严格按照调度规程要求，核实厂站主接线图，掌握新设备启动方案，熟悉启动流程，防止发生误下令、误操作的情况。

58. 操作指令票未充分考虑设备停送电对系统及相关设备的影响。（行为违章）

违章内容： 违反《国家电网调度控制管理规程》第十一章调控运行操作规定第 11.1.4 条对调度员操作前的相关要求。

应对措施： 对调度员加强调度规程的培训，强化操作前调度员潮流计算，提高不同运行方式下危险点分析和预控能力。

59. 调度指令票存在依据不清或拟票人与审票人为同一人的现象。（行为违章）

违章内容： 违反《国家电网调度控制管理规程》第十一章调控运行操作规定第 11.3 条调度倒闸操作指令票"计划操作指令票应依据停电工作票拟写，必须经过拟票、审票、下达预令、执行、归档五个环节，其中拟票、审票不能由同一人完成"。

应对措施： 兼职安全员定期检查操作指令票执行过程中各环节的执行情况，对发现的问题严肃考核。

60. 未详实掌握电网、设备事故或异常信息就进行电网、设备处置。（行为违章）

违章内容： 违反《国家电网调度控制管理规程》第十二章故障处置规定第 12.2、12.3 条"对调度员故障处置的相关要求"。

应对措施： 加强调度员对调度规程、电网运行方式的培训，提高对设备故障（异常）现象的掌握和信息分析能力。认真做好事故处理过程中异常情况的了解和信息核对。

61. 新设备启动前值班调控人员未及时核对 EMS、OMS 系统数据。（行为违章）

违章内容： 违反《国家电网调度控制管理规程》第六章输变

电设备投运管理第 6.5 条"新设备启动前，有关人员应熟悉厂站设备，熟悉启动试验方案和相应调度方案及相应运行规程规定等"。

应对措施：新设备投运前，调度员应严格按照调度规程要求，核对厂站主接线图。若发现与现场不符，应立即通知有关人员进行更改，未完成整改前，不得投入运行。

62. 系统电压监视不到位，未及时调整越限电压。（行为违章）

违章内容：违反《国家电网调度控制管理规程》第九章电网电压调整和无功管理的第 9.4 条"值班监控员和厂站运行值班人员，负责监控范围内母线运行电压，控制母线运行电压在电压曲线限值内"。

应对措施：完善技术支撑手段，提高 AVC 覆盖率，降低监控员系统电压调整工作量；掌握系统电压波动规律，超前调整系统电压；监视并及时调节系统电压，如无调节手段，立即向相应管辖调度汇报，同时加强监视。

63. 电网薄弱断面监视疏漏，造成超稳定运行。（行为违章）

违章内容：违反《国家电网调度管理规程》第十章电网稳定管理第 10.6.2 条"输电断面的运行控制，原则上应按调管范围进行管理。调控机构负责断面的正常实时调整与控制"。

应对措施：加强电网薄弱断面监视，做好断面潮流预控，加大值班员值班断面监视考核力度，确保电网稳定运行；加强技术支撑手段建设，实现对重要断面、重载潮流集中监视。

64. 进行电网重大方式操作前未开展在线安全稳定分析及危险点分析。（行为违章）

违章内容：违反《国家电网调度控制管理规程》第十一章调控运行操作规定第 11.1.3 条"影响网架结构的重大操作前，相关调控机构应进行在线安全稳定分析计算"。

应对措施：定期核查重大操作前运行值班人员在线稳定分析计算及危险点分析应对措施的执行情况，加强对执行情况的考核力度。

65. 调度下令倒闸操作，存在未下达操作时间或未汇报完成时间的现象。（行为违章）

违章内容： 违反《国家电网调度控制管理规程》第三章调度管理制度第 3.4 条"待下达下令时间后才能执行；指令执行完毕后应立即向发令人汇报执行情况，并以汇报完成时间确认指令已执行完毕"。

应对措施： 加强运行人员培训，强化下令时间和汇报时间是操作的开始和结束的认识，定期抽查调度录音，检查执行情况。

66. 倒闸操作前后不核实设备状态，倒闸操作过程中不按规定检查设备实际位置。（行为违章）

违章内容： 违反《国家电网公司电力安全工作规程 变电部分》第 5.3.6.6 条"电气设备操作后的位置检查应以设备各相实际位置为准"。

应对措施： 操作执行完毕后应及时核对设备状态和相关遥测量的变化正确，应有两个及以上的指示同时发生正确变化。可调取现场视频进行查看，必要时通知运维人员到现场核查。

67. 调控运行值班人员不落实电网运行方式安排和调度计划。（行为违章）

违章内容： 违反《国家电网公司安全生产反违章工作管理办法》附件 1 的第 17 条"不落实电网运行方式安排和调度计划"。

应对措施： 无异常情况时，调度值班运行人员应严格落实电网运行方式安排和调度计划，因故需调整时，应有明确依据，并严格执行相关稳定、管理规定，必要时汇报主管领导批准。电网运行方式安排和调度计划有较大调整时，应及时报告主管领导。

68. 调控运行值班人员在值班期间，电网运行方式及发电计划调整不当，未能接纳全部新能源。（行为违章）

违章内容： 违反《新能源优先调度规范》第 5.2.8 条"由于调

峰原因不能全部接纳新能源时,应保证电网旋转备用容量满足 SD 131—1984《电力系统技术导则》的要求;由于电网输送能力不足而不能全部接纳新能源时,应保证送出线路(断面)利用率不低于 90%"。

应对措施: 及时根据超短期新能源功率预测结果及电网运行情况,调整火电机组发电计划以接纳新能源。因新能源送出线路(断面)约束不能全部接纳时,应确保线路(断面)利用率;由于电网电力电量平衡原因不能全部接纳、电网旋转备用偏紧时,及时申请联络线电力电量计划调整或富余可再生能源电力现货交易,尽力保障新能源消纳。

69. 值班调控员对上级调控机构许可设备,未经其许可就改变设备运行状态。(行为违章)

违章内容: 违反《国家电网调度管理规程》第十一章调控运行操作规定第 11.1.1 条 "许可设备的操作应经上级调控机构值班调度员许可后方可执行"。

应对措施: 加强对上级调度机构许可设备的管理,严格执行相关设备的许可手续;完善技术支撑手段,实现对许可设备的自动辨识。

70. 发生重大事件时,未能及时、准确地向上级调控机构汇报事件情况。(行为违章)

违章内容: 违反《国家电网调度控制管理规程》第三章调度管理制度第 3.10 条 "当发生影响电力系统运行的重大事件时,相关调控机构值班调度员应按规定汇报上级调控机构值班调度员"。

应对措施: 严格执行重大事件汇报制度,及时、准确汇报有关情况;建立事件汇报考核机制,严肃处理重大事件隐瞒、拖延、谎报、虚报等行为。

71. 不执行或拖延执行上级调控机构下达的指令,或未按规定经过上级调度许可擅自进行相关操作。(行为违章)

违章内容: 违反《电网调度管理条例》第二十条 "未经值班调

度人员许可，任何人不得操作调度机构调度管辖范围内的设备"。

应对措施：严肃调度纪律，加强调度管理，确保调度指令的权威性；严肃处理违反调度纪律的行为，对于情节恶劣者可吊销上岗资格。

72. 对下级调控机构调管设备运行有影响时，在操作前未通知下级调控机构值班调度员。（行为违章）

违章内容：违反《国家电网调度管理规程》第十一章调控运行操作规定第 11.1.1 条"对下级调控机构调管设备运行有影响时，应在操作前通知下级调控机构值班调度员"。

应对措施：对下级调控机构调管设备运行有影响时，在操作前应通知下级调控机构值班调度员，让其做好事故预想；监控远方操作时，应提前告知运维人员；调控机构管辖的设备，其运行方式变化对有关电网运行影响较大的，在操作前、操作后或故障后要及时向相关调控机构通报。

73. 下级调度向上级调度汇报不及时、不准确。（行为违章）

违章内容：违反《国家电网调度控制管理规程》第三章调控管理制度第 3.10 条"相关调控机构值班调度员应按规定汇报上级调控机构值班调度员"。

应对措施：对调度员加强业务能力和规章制度的培训，严格落实调度业务联系汇报制度，并加强对汇报情况的抽查与考核。

74. 未核对设备所有有关联的工作票均已终结，即对设备送电。（行为违章）

违章内容：违反《国家电网公司电力安全工作规程 变电部分》第 6.6.6 条"只有在同一停电系统的所有工作票都已终结，并得到值班调控人员或运维负责人的许可指令后，方可合闸送电"。

应对措施：同一停电设备有多份申请单，该设备送电前应认真与现场核实相关联的所有工作票均已终结，通过管理制度和技术手段强化设备检修各类工作票关联的完整性和正确性。

75. 调控运行值班人员约时停送电。（行为违章）

违章内容：违反《国家电网调度控制管理规程》第十一章调控运行操作规定第 11.5.3 条"任何情况下严禁'约时'停电和送电"。

应对措施：在设备停送电前，应核实电网运行情况和设备运行状况是否满足操作要求，禁止不满足要求时进行停送电操作，更不能"约时"停、送电。

76. 调控运行日志未能真实、完整、清楚地体现电网运行情况，未定期检查运行日志。（行为违章）

违章内容：违反《国家电网公司省级以上调控机构安全生产保障能力评估办法》第 1.3.6 条"运行日志采用 OMS 统一管理，按照 OMS 功能规范具备相应内容。内容应真实、完整、清楚。每月对运行日志进行检查。"

应对措施：调度运行日志应包含当班检修和操作记录等事项；监控运行日志应包含当前系统运行方式、保护及安全稳定控制装置调整变更情况等事项。运行日志内容要真实、完整、清楚。调度机构应设专人（安全员）每月对运行日志进行检查，发现问题，及时整改。

77. 定值变更后，调度人员不与现场运行人员核对定值，保护即投入运行。（行为违章）

违章内容：违反《国家电网调度控制管理规程》第 13.4.4 条"继电保护和安全自动装置的定值单由厂站运行值班人员或输变电运维人员与值班调度员核对执行"。

应对措施：加强保护定值核对管理，保护定值变更后，现场运行人员与调度人员应核对定值单，并在各自的定值通知单上（或网上定值单流转系统）签字和注明执行时间。核对无误后保护方可投入运行。

78. 备调兼职调度员，未定期至主调培训，不熟悉主调电网情况。（行为违章）

违章内容：违反《国家电网公司省级以上备用调度运行管理

工作规定》第二十七条"备调值班人员取得上岗资格后，每年应不少于 2 次赴主调进行学习，参与主调调控值班，熟悉系统运行方式、运行规定和工作要求"。

应对措施：根据国调备调管理规定的要求，制定并落实培训和学习计划，加强备调值班人员的现场实习安排和考核工作，确保备调值班人员具备值班能力。

79. 未定期编制典型故障处置预案，或值班人员对事故预案不熟悉。（管理违章）

违章内容：违反《调度系统故障处置预案管理规定》第八条"根据电网结构、运行方式、负荷特性等因素变化，各级调度应定期修订相应预案；涉及重要节日、政府重大活动等保电任务，各级调控机构应及时编制专项预案"。

应对措施：调控机构应针对电网薄弱环节编制典型故障处置预案，并及时组织调度预案的学习、交流、讨论；定期抽查值班人员对预案的掌握情况，确保调控人员对预案的掌握。

80. 调控运行值班人员未按规定开展反事故演习。（行为违章）

违章内容：违反《国家电网公司调控机构安全工作规定》"调控机构应定期组织反事故演习，调控运行专业每月应至少举行一次专业反事故演习"。

应对措施：调控机构应编制反事故演练计划，按要求开展反事故演习，调控运行专业应根据电网实际每月组织开展有针对性的反事故演习。调控机构应建立反事故演习的评估机制，不断提升应急事故处置能力。

81. 未每天开展独立预想方式分析，并形成独立计算分析报告。（行为违章）

违章内容：违反《国家电网公司在线安全稳定分析工作管理规定》第十五条"各单位每天至少开展一次独立预想方式分析"。

应对措施：调控人员应严格按照规定每日开展在线安全稳定

分析计算，并形成分析报告；定期检查在线安全稳定分析执行情况和结果分析，确保在线安全稳定分析常态应用。

82. 省级及以上调控机构各运行值班值未按要求设立安全分析工程师岗位，安全分析工程师上岗前未经岗位培训并通过考核认证。（管理违章）

违章内容： 违反《国家电网公司在线安全稳定分析工作管理规定》第五条款"省级及以上调控机构各运行值班值应设立安全分析工程师岗位，安全分析工程师须经岗位培训并通过考核认证，方具备相应资格"。

应对措施： 省级调控机构应按照要求每值设立安全分析工程师岗位，安全分析工程师上岗前应按照国家电网公司持证上岗的相关要求取得相应资格，上级调控机构应强化对下级调控机构的检查。

83. 不严格执行调度、监控操作监护制度，操作监护流于形式。（行为违章）

违章内容： 违反《国家电网调度控制管理规程》第十一章调控运行操作规定第 11.2.4 条"严格执行模拟预演、唱票、复诵、监护、记录等要求"。

应对措施： 严格执行操作监护制度和违章考核制度；按要求定期检查操作票执行情况，不定期抽查调度操作中预演、唱票、复诵、监护、记录等情况，对发现的问题及时批评、指正。

84. 监控员执行调度指令不规范，存在不复诵、不记录等违规现象。（行为违章）

违章内容： 违反《国家电网调度控制管理规程》第十一章调控运行操作规定第 11.2.4 条"监控远方操作中，严格执行模拟预演、唱票、复诵、监护、记录等要求"。

应对措施： 定期检查值班记录和调度录音，对漏记、不复诵等违规现象，及时批评教育和考核。

85. 监控人员对发现的异常或缺陷信息未及时通知运维人员，重要信息未及时汇报调度人员。（行为违章）

违章内容： 违反《调控机构设备监控信息处置管理规定》第四章 监控信息处置第十条"监控员收集到异常信息后，应进行初步判断，通知运维单位检查处理，必要时汇报相关调度"。

应对措施： 加强对监控人员判断故障信号及事故跳闸信号分析能力的培训，定期检查监控员值班记录中通知运维及汇报调度情况，不断提升监控人员业务能力。

86. 监控员操作前，未仔细核对遥控对象。（行为违章）

违章内容： 违反《国家电网调度控制管理规程》第十一章调控运行操作规定第 11.2 条"拟写监控远方操作票，操作票应包括核对相关变电站一次系统图、检查设备遥测遥信指示、拉合开关操作等内容"。

应对措施： 严格执行监控操作的复诵、监护制度，重点抽查操作制度中复诵、监护执行情况，加大考核力度，杜绝流于形式。

87. 监控值班人员信息漏监及确认不及时。（行为违章）

违章内容： 违反《国家电网公司调控机构设备集中监视管理规定》第八条"正常监视要求监控员在值班期间不得遗漏监控信息，并对监控信息及时确认"。

应对措施： 严格执行操作票拟票、审票，监控操作的复诵、监护制度；不遗漏监控信息，及时确认监控信息；重点抽查操作制度中拟票、审票、复诵、监护执行情况，加大考核力度，杜绝流于形式。

88. 监控值班人员信息漏监及确认不及时。（行为违章）

违章内容： 违反《国家电网公司调控机构设备集中监视管理规定》第八条"正常监视要求监控员在值班期间不得遗漏监控信息，并对监控信息及时确认"。

应对措施： 加强监控人员的专业技术培训，提高信息认知和判断分析能力；定期开展监控信息分析和评估，对漏监、错判及确认不及时的行为进行分析，加强责任人教育，对造成严重后果或多次违章者，加大惩戒力度。

89. 监控运行值班人员未按规定对监控设备、监控画面、视频系统、输变电设备状态在线监测系统进行巡视。（行为违章）

违章内容：违反《调控机构设备集中监视管理规定》第三章设备集中监视管理第七条"正常监视是指监控员值班期间对变电站设备事故、异常、越限、变位信息及输变电设备状态在线监测告警信息进行不间断监视"。

应对措施：监控人员应严格按规范对监视内容进行全面巡视，发现问题及时通知相关人员检查处理，并做好相关记录；定期对巡视记录和巡视执行情况进行抽查，对违反规定的个人及时进行批评教育和考核。

90. 监控运行值班人员未正确进行挂、摘牌操作。（行为违章）

违章内容：违反《变电站设备监控信息管理规定》第八章检修维护第三十一条"变电站设备检修工作开始前，运维检修单位应汇报调控机构当值监控员，并共同做好监控信息相关技术措施，防止影响正常监控运行"。

应对措施：严格按照规定要求，及时、正确地对检修信息进行置牌；定期核查设备实际状况与技术支持系统是否一致；对发现的问题及时开展原因分析，查清原因，举一反三，杜绝类似事件再次发生。

91. 配电网设备中待用间隔未纳入配电网调度管辖范围。（管理违章）

违章内容：违反《国家电网公司电力安全工作规程（配电部分）（试行）》第 2.2.11 条"待用间隔（已接上母线的备用间隔）应有名称、编号，并纳入调度控制中心管辖范围"。

应对措施：坚持待用设备与正式运行设备同等管理；待用间

隔与地调管辖的待用间隔的名称编号应有明显区别；待用间隔归调度管理运行前，应向调度机构启动验收申请。

92. 配电网调控人员只通过设备遥信信息确认配电网设备操作后状态。（行为违章）

违章内容：《国家电网公司电力安全工作规程（配电部分）（试行）》第 5.2.6.7 条款"至少应有两个非同样原理或非同源的指示发生对应变化且所有这些确定的指示均已同时发生对应变化，方可确认该设备已操作到位"。

应对措施：调控机构应根据配电网开关设备特点及时制定配电设备遥控操作流程及检查细则；完善配电网调控技术支撑，提高信息接入的完整性和准确性，确保操作信息双确认可靠落实。

93. 配电网用户运行值班人员未取得资质接配网调令。（行为违章）

违章内容：违反《电网调度管理条例》第十一条"调度系统值班人员须经培训、考核并取得合格证书方得上岗"。

应对措施：地区调控机构应建立配电网用户管理机制，定期举行配电网用户停送电联系人配电网调控业务培训、考试。对考试合格人员实行备案制度；培养配电网用户管理人员的安全意识和责任，对不具备配电网用户停送电联系人资质的人员不得进行接令、操作等。

94. 配电主站信息接入流程不规范。（行为违章）

违章内容：违反《智能电网调度控制系统调度管理应用（OMS）配网调控应用管理规范》第十九条"配电网调度控制系统（配电自动化系统主站，以下简称配电主站）信息管理"对配电网主站信息接入的相关要求。

应对措施：设备运维单位按相关要求通过 OMS 提交配电主站监控信号接入（变更）申请、信息点表，方便查询及永久性存档，以防资料丢失；严格规范信息点表，杜绝提交至调度端的点表与现场实际不符；严禁信息接入流程线下流转。

95. 设备变更后相应的规程、制度、资料未及时更新。（行为违章）

违章内容：违反《国家电网调度控制管理规程》第六章输变电设备投运管理第 6.4 条"关于新设备启动前相关资料更新的要求"。

应对措施：设备运维单位应在设备变更前，提交相关资料，经运维部、调控中心审核通过后方可进入设备变更流程；应制定周期性设备信息更新制度，及时更新设备信息。

96. 设备三遥功能不完善便投入运行。（行为违章）

违章内容：违反《智能电网调度控制系统调度管理应用（OMS）配电网调控应用管理规范》第三章第十九条"自动化三遥站房应经调试验收确认三遥功能合格后，方可投入运行。"。

应对措施：将三遥功能调试验收合格作为设备投运必要条件。

97. 配电网接线图运行维护不到位，造成图实不符。（行为违章）

违章内容：违反《智能电网调度控制系统调度管理应用（OMS）配电网调控应用管理规范》第三章第二十条"各单位应按照专业职责范围对配电网电子接线图进行维护，务必确保配电网电子接线图与现场实际保持一致"。

应对措施：各单位应按照专业职责范围组织专人进行配电网电子接线图的运行维护。设备异动、接入等有变动时，及时在接线图中进行更新，并派人定期与现场进行核对工作，以确保图实相符。

三、调度计划

98. 停电计划跨月或跨周调整未履行审批手续。（行为违章）

违章内容：违反《国家电网公司调度计划管理规定》第二十四条"停电计划调整规定"对年度和月度停电计划的要求。

应对措施：年度调度计划下达后，原则上不得进行跨月调整；月度计划下达后，原则上不得进行跨周调整。因客观原因需要调整停电计划时，申请调整单位应提前报上级调控机构审批。

99. 审批检修申请或制定日计划时未按规定进行安全校核或缺少必要的安全措施。（行为违章）

违章内容： 违反《国家电网公司调度计划管理规定》第二十八条"国（分）、省调按照'统一模型、统一数据、联合校核、全局预控'的原则开展日前联合安全校核"。

应对措施： 应按照"统一模型、统一数据、联合校核、全局预控"的原则开展日前安全校核；检修申请单和日发电计划单要有切合实际的书面反措、突出风险点提示。

100. 停电工作票未履行审批流程。（行为违章）

违章内容： 违反国家电网公司国家电力调度控制中心《日前停电计划审批管理流程及标准操作程序》。

应对措施： 通过停电计划管理系统提交停电工作票申请；停电工作票申请内容应明确、简练，使用规范的调度命名和专业术语，设备状态和停电范围必须与工作内容严格对应。

101. 临时性检修工作未履行审批流程。（行为违章）

违章内容： 违反 GB/T 31464—2015《电网运行准则》第 6.3.2.2 条"非计划（临时）检修"。

应对措施： 加强临时性工作的审批管理，临时检修工作应严格按照检修工作票流程完成审批程序，降低对电网安全运行的影响。

102. 在检修申请审批流程的最后环节调整方式安排，不重新履行审批流程。（行为违章）

违章内容： 违反国家电网公司国家电力调度控制中心《日前停电计划审批管理流程及标准操作程序》。

应对措施： 严格执行检修申请审批流程，后续环节调整方式后，应重新履行审批流程。

103. 日计划编制过程中电网旋转备用容量不满足要求或者相关断面未通过安全校核。（行为违章）

违章内容： 违反《国家电网公司调度计划管理规定》第二十八条日前安全校核规定"应根据调度计划计算电网基态潮流和 $N-1$ 开断后潮流结果"。

应对措施： 日计划编制严格执行调度规程和稳定规程规定，旋转备用容量应满足要求，断面潮流必须通过安全校核；加强日计划流程审批，避免发生重大电网事故。

104. 发电计划与电网检修计划安排不符甚至相悖。（行为违章）

违章内容： 违反《国家电网公司调度计划管理规定》第二十八条"日前安全校核规定"。

应对措施： 统筹兼顾电网实际运行特点编制发电计划，加强发电计划与检修计划的相互校核，做好电力电量平衡及重要断面的安全校核，避免出现漏洞。

105. 线路停电未考虑对相关二次设备的影响，造成通信、自动化信号中断，甚至导致其他运行线路的保护停运，影响电网安全运行。（行为违章）

违章内容： 违反《国家电网公司调度计划管理规定》第二十一条"二次设备检修原则上应配合一次设备进行"。

应对措施： 一、二次设备停电应统筹考虑，原则上二次设备检修应配合一次设备进行，同时一次设备停电也要考虑二次设备的运行情况，并及时通知相关专业会审，制定必要的反措并严格执行，确保电网安全运行。

106. 新建电厂并网发电前未签订并网调度协议。（行为违章）

违章内容： 违反《国家电网调度控制管理规程》第 7.1.4 条"电厂并网前必须与电网企业签订并网调度协议"。

应对措施： 严格审核并网电厂项目的核准文件及接入批复，在满足要求的前提下尽早签订并网调度协议。

107. 电网异常和方式调整造成电网方式薄弱，未及时发布电网运行风险预警。（行为违章）

违章内容： 违反《国家电网公司调度计划管理规定》第十九条"各级调度安排的计划性停电工作满足预警条件时，应至少提前 36 小时发布电网运行风险预警"。

应对措施： 加强电网运行风险预警管理，严格执行相关规定。要完善跨部门、跨专业的风险预警、预控业务流程，强化预控措施的闭环监督，做到预控措施不落实不开工、事故风险不可控不开工、应急预案不完备不开工。

108. 未执行停电计划考核工作。（行为违章）

违章内容： 违反《国家电网公司调度计划管理规定》第二十九条"国调中心及分中心按照运维责任范围对 500kV 及以上主网输变电设备调度计划执行情况进行考评"。

应对措施： 定期开展停电计划考核并发布考核结果，考核过程透明化、公开化，考核工作全程接受监督。

四、系统运行

109. 新设备启动方案编制和分析计算等工作仅根据调试人员经验进行。（行为违章）

违章内容： 违反《国家电网公司新建发输变电工程前期及投运调度工作规则》第十八条"必要时组织召开新建工程投运工作协调会，确保新建工程按计划安全、有序、及时投运"。

应对措施： 新设备启动方案要经过严格论证及相关专业审核，其中的设备编号及操作流程要与现场严格核对，确保内容准确、可靠后方可使用。

110. 新设备启动前，未按规定更新电网运行相关资料。（行为违章）

违章内容： 违反《国家电网调度控制管理规程》第六章输变

电设备投运管理第 6.4.3 条"生产准备工作已就绪（包括运行人员的培训、调管范围的划分、设备命名、现场规程和制度等均已完备）"。

应对措施：严格执行新设备启动流程；定期编制所辖电网主接线图，新改扩建工程投产前及时更新；EMS 中接线图、稳定限额、配网接线图等在启动前应更新。

111. 新设备启动前，启动方案未做好交底工作。（行为违章）

违章内容：违反《国家电网调度控制管理规程》第 6.5 条新设备启动条件"新设备启动前，有关人员应熟悉厂站设备，熟悉启动试验方案和相应调度方案及相应运行规程规定等"的要求。

应对措施：新设备启动前向调度员及现场运维人员交底，同时做好上下级调控及设备运维单位的沟通，及时修订并下发有关规定规程。

112. 新设备启动方案执行过程中出现特殊情况时，方案编制人擅自更改启动方案。（行为违章）

违章内容：违反《国家电网调度控制管理规程》第六章输变电设备投运管理第 6.4.6 条"启动试验方案和相应调度方案已批准"的要求。

应对措施：严格执行新设备启动方案的编制、审批流程，如需调整启动方案，应重新履行审批流程，更改的启动方案须经启动相关的各专业商定并由主管领导批准后方可执行。

113. 电网稳定计算模型、参数不准确，或基础数据未及时更新。（行为违章）

违章内容：违反《国家电网安全稳定计算技术规范》第 5.1.1 条"电力系统安全稳定计算分析前应首先确定的基础条件包括：电力系统接线和运行方式、电力系统各元件及其控制系统的模型和参数、负荷模型和参数、故障类型和故障切除时间、重合闸时间、继电保护和安全自动装置的模型和动作时间"。

应对措施：按照国家电网公司稳定计算数据管理相关要求，建立适合计算分析的规范模型；建立数据更新规范，结合新设备投运和电网检修、负荷分布的变化情况及时更新、维护计算数据，提高仿真计算的精确性。

114. 计算人员缺算、漏算、估算，或直接套用以往分析结论，造成计算结果偏差过大。（行为违章）

违章内容： 违反《国家电网安全稳定计算技术规范》4.2条"电力系统安全稳定计算应根据系统的具体情况和要求"。

应对措施：计算人员应紧密结合相应运行方式，严格执行计算分析流程，按照规范要求开展稳定计算，严禁主观臆断、漏算、估算等行为；主管领导应加强审核把关，确保分析结论科学合理。

115. 未根据电网运行方式的变化及时调整安全自动装置的控制策略。（行为违章）

违章内容： 违反《国家电网公司安全自动装置运行管理规定》第四条各级调控部门履行以下职责"（四）负责安全自动装置定值和策略计算工作"。

应对措施：根据电网运行方式的变化，及时梳理和修订安全自动装置的控制策略、动作定值，并及时通知调度专业及现场落实执行，保证安全自动装置满足电网安全稳定运行的要求。

116. 安全自动装置改造投运前，运行管理规定和操作说明未及时更新。（行为违章）

违章内容： 违反《国家电网公司安全自动装置运行管理规定》第四条各级调控部门履行以下职责"（三）负责制定电网运行方式和安全自动装置调度运行规定"。

应对措施：安全自动装置改造投运前，应及时更新运行规定和操作说明，并经相关领导批准后发布执行；督促现场人员及时修订现场运行规程。

117. 未及时开展特殊运行方式的计算。（行为违章）

违章内容： 违反《国家电网公司电网运行方式管理规定》第二十七条"（一）针对新设备投产等重大方式变更、多重检修等特殊方式，省级及以上调控部门应组织开展日前运行方式分析工作，提出并制定临时稳定控制策略"。

应对措施： 针对新设备投产等重大方式变更、多重检修等特殊方式，组织开展日前运行方式分析工作，提出并制定临时稳定控制策略；按照调度管辖范围，细化电网运行安全稳定措施，包括运行方式调整、主要断面功率极限值、稳定控制措施、继电保护和重合闸的特殊要求等。

118. 修订电压曲线下发不及时，造成运行电压控制标准不准确。（行为违章）

违章内容： 违反《国家电网公司电网无功电压调度运行管理规定》第十二条"按月（季）度下达发电厂和枢纽变电站的运行电压或无功电力曲线"。

应对措施： 调度控制机构应按月（季）度开展电压质量和无功计算并下达运行电压或无功电力曲线，针对特殊方式，提前开展专题计算，制定控制措施和按时下发电压曲线，并确认相关单位收悉。

119. 机组励磁、调速系统、PSS 等涉网实测参数不全。（管理违章）

违章内容： 不满足《国家电网公司网源协调管理规定》第六十三条"单机容量 100MW 及以上汽轮发电机组和燃气轮机、50MW 及以上水轮发电机组均要求进行调速器、励磁系统及 PSS 实测建模工作及并网试验工作。调度部门根据电网安全稳定分析和控制的需要，认为对电网安全稳定运行有较大影响的其他发电机组，也需开展调速器、励磁系统及 PSS 实测建模工作"。

应对措施： 督促发电企业联系有资质的试验单位，对新建、改造机组一次调频、励磁、调速系统、PSS 开展并网试验工作及实测建模工作;对已投运未建模的发电厂制定实测建模工作计划,并督促实施。

120. 机组励磁、调速系统、PSS 等未贯彻 5 年复测要求。(管理违章)

违章内容: 不满足《国家电网公司网源协调管理规定》第二十四、三十九条"调度部门对管辖范围内的发电厂励磁系统性能进行定期复核性试验,一般每五年复核一次""调度部门对管辖范围内的发电厂调速系统性能进行定期复核性试验,一般每 5 年复核一次"。

应对措施: 制定机组励磁、调速系统、PSS 等装置复测计划,督促发电企业联系有资质试验单位开展 5 年复测工作,并根据复测结果督促有关单位修订数据模型。

121. 机组涉网实测建模报告入库工作滞后。(行为违章)

违章内容: 不满足《国家电网公司网源协调管理规定》第六十六条"调度部门应督促发电企业负责组织实施发电机组的调速器、励磁系统、PSS 实测建模工作,并跟踪完成建模报告的审核、入库工作;实测建模工作须委托有资质的电力试验单位承担"。

应对措施: 督促各本省(市、区)公司开展所辖电网内发电机组调速器、励磁系统、PSS 实测建模技术支持工作,及时完成机组实测建模报告在中国电力科学研究院的入库工作。

122. 年度方式后评估深度不足。(行为违章)

违章内容: 不满足《国家电网公司电网运行方式管理规定》第二十一条"各级调控部门总结年度电网实际运行和相关工作进展情况,对年度方式安排的重大基建、技改及安全控制措施等重点工作落实情况进行后评估"。

应对措施: 加强对过去一年年度方式收资、计算分析、工作落实效果及其他重大事项的回顾分析,对年度方式分析与实际情况的偏差给出合理解释,对新一年的方式分析工作提出改进措施。

123. 新建机组未按规定完成所有试验,或试验结果不符合标准和规程要求就同意正式并网。(行为违章)

违章内容：违反《国家电网调度控制管理规程》第 7.1.5.7 条"电厂正式并网前,必须按规定完成所有试验,试验结果符合有关标准和规程要求"。

应对措施：并网电厂应按相关规定完成机组(含励磁、调速)参数实测及建模,新能源电站应完成风电机组或光伏发电单元、无功补偿设备及相关控制系统参数实测及建模,不满足要求的电厂不办理并网申请手续。

五、水电及新能源

124. 违章指挥或干预汛期防洪限制水位以上的洪水调度。(行为违章)

违章内容：违反《电网运行准则》第 6.10.3.1 条"水库及实施联合防洪调度的水库群的防汛工作,必须服从有管辖权的防汛部门的统一领导和指挥"。

应对措施：严格落实洪水调度的职责分工,有防洪任务的水库调度必须服从有管辖权的防汛指挥部门的指挥调度,调控机构不得以任何理由干涉；严肃处理干涉洪水调度的行为。

125. 水电计划编制前不按规定开展水情预报工作。(行为违章)

违章内容：违反《电网运行准则》第 6.10.2 条"水电厂及电网调度机构应开展水情预报工作,并采取措施提高水情预测精度"。

应对措施：严格执行水电发电计划编制流程,按要求开展水情预报工作,对收集的水文气象预报成果进行汇总、分析,形成电网和水库调度工作需要的水文预报意见,为水电发电计划编制提供依据。

126. 水电计划编制中未落实经审批的水库综合利用要求。（行为违章）

违章内容： 违反《大中型水电站水库调度规范》第 6.2.4 条"必须遵守设计所规定的综合利用任务，不得任意扩大或缩小供水任务、范围。库内引水应纳入水库水量的统一分配和调度"。

应对措施： 按照水电发电计划的编制依据，必须满足设计所规定的综合利用要求；收集水库综合利用的要求，以用水部门的书面文件为正式依据，并在水电发电计划中予以落实。

127. 水库调度值班人员对水库调度规程、直调水电厂特征数据不熟悉，误发水库调度指令。（行为违章）

违章内容： 违反《水库调度工作规范》第 4.2.2 条"水库调度值班人员应认真履行职责，规范下达水库调度指令，监视直调水电厂发电计划的执行情况"。

应对措施： 加强对水库调度值班人员的岗前培训，熟练掌握水库调度规程和直调水电厂运行参数，定期组织资格考试，考试通过后方可承担水库调度运行值班。

128. 未按规定开展水库经济运行工作。（管理违章）

违章内容： 违反《水库调度工作规范》第 6.1 条"在确保电网和水电厂安全运行以及满足水库防洪和综合利用要求的前提下，严格按照国家有关节能发电调度的政策和规定开展水库优化调度工作，充分利用水能资源"。

应对措施： 严格按照国家有关节能发电调度的政策和规定开展水库优化调度工作，充分利用水能资源；开展水电厂节水增发电量考核工作，提高水能利用提高率。

129. 水库运用参数及指标变更后未及时更新。（行为违章）

违章内容： 违反《水库调度工作规范》第 11.4.5 条"当直调水电厂水库运用有关参数及指标发生变化后，电网调度机构应及时收集、整理复核后的新参数和新指标，并报上级调度部门备案"。

应对措施：建立健全资料管理制度，定期进行水库资料的建档、整理和归档等工作；调度机构应会同有关单位每 5～10 年对直调水电厂的有关参数和指标进行复核，并将复核后的新参数和新指标报上级调度部门备案。

130. 水调自动化系统故障造成水库水情信息实时采集异常，影响了电网和水电厂安全运行。（装置违章）

违章内容：违反《水电及新能源调度自动化运行管理规定》第三章运行管理第八条"各级调度机构应做好数据维护和异常情况处理过程记录，对不能处理的异常情况，应及时通知有关人员或部门处理"。

应对措施：完善水调自动化的运行和维护管理，确保水库信息传输的及时性和准确性；加强水情信息监视，及时发现和处理数据缺失、错误等异常情况。

131. 安排不具备低电压穿越能力的风电场、光伏发电站并网。（行为违章）

违章内容：违反《风电场接入电力系统技术规定》第 9 章风电场低电压穿越、《光伏发电站接入电力系统技术规定》第 8 章低电压穿越的相关要求。

应对措施：禁止不具备低电压穿越能力的风电场、光伏发电站或风电新机组、光伏逆变器并网，对已并网的不合格风机或光伏逆变器要求停机整改，督促按规定进行改造并检测合格。

132. 未按规定对风电场功率预测结果和计划申报情况进行考核。（行为违章）

违章内容：违反《风电调度运行管理规范》第 7.6 条"电网调度机构应根据有关规定对风电场功率预测和计划申报情况进行考核"。

应对措施：建立风电场功率预测管理考核制度，按要求开展风功率预测考核并发布考核结果，考核过程透明化、公开化，考核工作全程接受监督。

133. 新能源场（站）首次并网前未按规定审核并网条件。（行为违章）

违章内容： 违反《光伏发电调度运行管理规范》第 4 章光伏发电站并网管理要求、《风电调度运行管理规范》第 4 章风电场并网管理的相关要求。

应对措施： 完善光伏电站、风电场并网管理工作流程，按照规范要求审查光伏电站、风电场的并网条件，严把并网关。

134. 发电计划编制中不按规定优先消纳新能源。（行为违章）

违章内容： 违反《新能源优先调度工作规范》第 5.2 条"在确保电网和新能源场站安全运行的前提下，合理安排运行方式，优先接纳新能源"。

应对措施： 在发电计划编制中，应根据新能源功率预测及负荷预测结果，优化火电开机方式，充分发挥抽水蓄能等电源的调峰能力，合理安排跨省跨区联络线计划，优先消纳新能源；认真做好新能源优先调度工作评价，加强监督考核。

135. 风电、光伏功率预测系统的维护和管理不到位，影响并网风电、光伏出力正常预测，对电网断面控制、调峰等造成影响。（装置违章）

违章内容： 违反《水电及新能源调度自动化运行管理规定》第三章运行管理第十条"下级调度机构的水电、新能源调度应用模块或直调水电厂、新能源场站的调度自动化系统发生异常，影响向上级调度机构传送数据时，相关调度机构应尽快组织恢复；如异常超过 6 小时，应及时汇报上级调度机构"。

应对措施： 建立完善风电、光伏功率预测系统管理和维护机制，确保系统各项功能运行正常，远程数据上传/下发及时、准确。

136. 水电厂未按标准建立水调自动化系统，风电场、光伏电站未按标准建立发电功率预测系统。（管理违章）

违章内容： 违反《国家电网调度控制管理规程》第七章并网

电厂调度管理中的 7.1.5.4 "水电站应按有关标准建立水调自动化系统，风电场、光伏电站应按有关标准建立发电功率预测系统，并按调控机构要求传送相关信息"。

应对措施：应在并网前，监督水电厂建立水调自动化系统，风电场、光伏电站建立发电功率预测系统，并完成与调度主站的联调工作。

六、继电保护

137. 保护定值整定未全面考虑电网常见的运行方式。（行为违章）

违章内容：违反 DL/T 559—2007《220kV～750kV 电网继电保护装置运行整定规程》第 7.1.3 条和《3～110kV 电网继电保护装置运行整定规程》第 6.1.3 条 "继电保护整定计算应以常见运行方式为依据"。

应对措施：继电保护整定计算应以常见的运行方式为依据，并针对特殊电网运行方式进行校核，满足保护定值配合的相关要求。不满足要求时，应报相关领导批准，并备案说明。

138. 整定计算交界区域电网结构或保护定值发生变化时，分界点资料交换（设备参数、保护定值等）不及时。（管理违章）

违章内容：违反《国家电网继电保护整定计算技术规范》第 8.2.1.2 条 "当电网结构变化较大时，应根据实际情况及时进行参数的交换"。

应对措施：规范交界区域分界点资料交换流程管理，在交界区域系统结构变化前，各级调度间或调控机构和发电企业之间应以书面形式互相提供分界点参数，确保交界面的保护定值满足配合要求。

139. 调度管辖范围变更，未及时校核和调整交界面保护定值。（行为违章）

违章内容：违反《国家电网继电保护整定计算技术规范》第 8.1.9

条"调度管辖范围变更时，30个工作日内由接管单位复核定值"。

应对措施：严格按照《国家电网继电保护整定计算技术规范》的要求，在调度管辖范围发生变更前，以书面形式相互提供参数并备案，并在30日内完成保护定值计算和复核，确保交界面定值满足配合要求。

140. 作废定值单未及时作废。（行为违章）

违章内容：违反《微机继电保护装置运行管理规程》第11.3.4条"定值通知单应按年度编号，注明签发日期、限定执行日期和作废的定值通知单号等。

应对措施：加强作废定值单管理，在新定值单执行同时作废原定值。

141. 收到上级调度下发的保护定值限额不执行，或执行不及时。（行为违章）

违章内容：违反《国家电网继电保护整定计算技术规范》第6.1.5条"下一级电压电网应按照上一级电压电网规定的整定限额要求进行整定"。

应对措施：下级调度严格按照上级调度保护定值限额要求，及时开展保护定值校核。当下一级调度定值配合整定确实有困难时，应及时与上级调度机构协商，严禁保护定值限额不执行或执行不及时。

142. 保护定值通知单未经审核、批准即下发执行。（行为违章）

违章内容：违反《国家电网继电保护整定计算技术规范》第8.2.3.3条"继电保护专业编发的定值通知单应严格履行编制及审批流程"。

应对措施：完善继电保护定值通知单的闭环管理措施，严格执行并定期检查定值通知单流转情况。定值通知单编制人、审核人、批准人应由3个不同人员担任。定值通知单加盖调控部门定值整定专用章后投入运行。

143. 在新保护设备投运或继电保护装置技术改造后，运行规定和运行说明未及时修订。（行为违章）

违章内容： 违反 DL/T 587—2016《继电保护和安全自动装置运行管理规程》第 4.1.3 条 "为所辖电网调度人员制定、修订微机继电保护装置调度运行规程"。

应对措施： 定期修订继电保护运行规定。新保护设备投入运行或保护运行有不同要求时，及时制定运行规定及运行说明。

144. 未对保护装置动作情况开展分析和评价。（管理违章）

违章内容： 违反 DL/T 587—2016《继电保护和安全自动装置运行管理规程》第 6.6 条 "各级继电保护部门应按照 DL/T 623 对所辖的各类（型）微机继电保护装置的动作情况进行统计分析，并对装置本身进行评价"。

应对措施： 及时对保护装置动作的正确性开展综合评价，同步完成 OMS 继电保护统计分析系统数据填报。对不正确的保护动作行为提出整改措施，并上报相应主管部门。上级主管部门定期对保护分析评价情况开展检查和考核。

145. 继电保护装置软件版本未经专业检测就入网运行。（管理违章）

违章内容： 违反《国家电网公司继电保护和安全自动装置软件管理规定》第七条 "监督检查调度范围内新投和改造的继电保护和安全自动装置采用经国调中心组织的专业检测合格版本"。

应对措施： 加强继电保护软件版本管理，完善保护装置软件版本台账。保护装置应采用经国家电网公司组织的专业检测合格并发布的最新软件版本。不满足相关要求的保护装置严禁入网投产运行。

146. 继电保护配置和选型不满足有关规程、规定及技术标准要求。（管理违章）

违章内容： 违反《国家电网调度控制管理规程》第 13.2 条 "调

控机构组织或参加直调范围新建工程、技改工程以及系统规划的继电保护专业的审查工作（含可研、初设、继电保护和安全自动装置配置原则等）"、《国家电网公司十八项电网重大反事故措施》第15.1.2条"继电保护装置的配置和选型，必须满足有关规程规定的要求"。

应对措施：应组织或参加直调范围新建、技改工程可研、初设等继电保护审查工作，确保保护设备配置、选型满足国家、行业、企业标准的要求，适应电网结构和厂站接线方式。

147. 保护装置家族性缺陷未及时认定、整改。（管理违章）

违章内容：违反《国家电网公司继电保护和安全自动装置家族性缺陷处置管理规定》第十条"各级调控中心负责组织落实保护装置家族性缺陷反措要求并进行监督检查"。

应对措施：发现疑似家族性缺陷后应在 3 日内上报，经反措试验验证后，应及时开展保护装置家族性缺陷排查，统筹制定调度管辖范围内的反措整改计划并组织实施。

148. 保护装置家族性缺陷未采取临时有效措施。（行为违章）

违章内容：违反《国家电网公司继电保护和安全自动装置家族性缺陷处置管理规定》第二十一条"在反措实施前，应采取有效的临时技术、管理措施，降低保护缺陷可能对电网造成的影响"。

应对措施：及时开展保护装置家族性缺陷排查和整改，对不能及时完成整改的缺陷设备，制定整改计划和开展安全风险评估，有必要时应制定临时措施，同时应加强缺陷设备的监视及运行维护。

149. 智能变电站归档配置文件（SCD、CID 等）与现场不一致。（管理违章）

违章内容：违反《智能变电站继电保护和安全自动装置运行管理导则》第 4.5 条"智能变电站继电保护全过程管理中，各相应单位对配置文件（SCD、ICD、CID 等）电子文档建立规范化管理制度及相应的技术支持体系"。

应对措施：按照"源端修改，过程受控"的原则完善智能变电站配置文件管理制度，严格履行变更手续。宜通过 SCD 管控系统实现流程化管理。

150. 继电保护装置超期未检验。（管理违章）

违章内容：违反《国家电网继电保护全过程管理工作规定》第 8.3 条"严格控制检验周期，保证必要的检验时间，杜绝超期、漏检。"

应对措施：严格按照继电保护状态检修或定期检验时间要求开展保护装置检验，监督继电保护装置检验计划的制定和落实，杜绝超期和漏检。

151. 安全自动装置长期未做检验。（装置违章）

违章内容：违反《国家电网公司安全自动装置运行管理规定》第二十五条"公司所属各级运维单位应安排安全自动装置检验时间及项目"。

应对措施：建立安全自动装置设备台账，督促相关单位按规定要求，开展装置检验工作，严防超期和漏检现象。

152. 标准化作业指导书内容不全。（行为违章）

违章内容：违反《继电保护和安全自动装置运行管理规程》4.1.3"组织制定、修订所辖电网内使用的继电保护装置检验规程和继电保护标准化作业指导书。"

应对措施：按运维范围规范标准化指导书格式，组织制定、修订所辖电网内继电保护标准化作业指导书；建立现场标准化作业监督检查机制，对不符合要求的行为提出整改意见。

153. 继电保护装置缺陷消除不及时。（行为违章）

违章内容：《国家电网公司继电保护和安全自动装置缺陷管理办法》第二十条"危急缺陷消缺时间不超过 24 小时，严重缺陷消缺时间不超过 72 小时，一般缺陷消缺时间不超过一个月"。

应对措施：加强缺陷处置全过程闭环管理，督促相关单位严格控制不同级别缺陷消除时间，重点加强危急、严重缺陷和原因不明缺陷处理情况的监督，对不满足要求的提出相应处置意见和整改措施。

七、自动化

154. 自动化机房无运行管理规范，出入无审批、不记录。（管理违章）

违章内容： 违反《电力调度自动化系统运行管理规定》第十九条"自动化管理部门和子站运行维护部门应制定相应的自动化系统运行管理规范，内容应包括运行值班和交接班、机房管理"。

应对措施： 制定自动化系统运行管理规范，建立机房出入管理制度和工作流程。定期检查制度执行情况，对违规行为进行考核，确保规章制度有效落实。

155. 主站或子站自动化设备操作前未及时提报检修申请。（行为违章）

违章内容： 违反《电力调度自动化系统运行管理规定》第二十二条（三）"子站设备的计划检修由设备运维单位至少在 3 个工作日前提出申请……"；（七）"主站系统的计划检修由自动化管理部门至少在 3 个工作日前提出书面申请……"。

应对措施： 严格执行自动化设备检修管理流程，定期抽查流程执行情况，对发现的违规行为进行考核处理。

156. 新建厂站调度自动化系统未通过验收而允许投入运行。（装置违章）

违章内容： 违反《电力调度自动化系统运行管理规定》第二十三条（二）"子站设备应与一次系统同步设计、同步建设、同步验收、同步投入使用"。

应对措施： 严格按照厂站调度自动化并网流程管控，随一次设备同步开展前期工作。不满足要求则禁止投入运行。

157. 自动化设备巡视和检查不及时、不到位。（行为违章）

违章内容： 违反《电力调度自动化系统运行管理规定》第二十条（二）"自动化系统的专责人员应对自动化系统和设备定期进行巡视、检查、测试和记录"。

应对措施： 完善自动化设备巡视制度。严格按规定开展巡视、检查工作，并定期组织抽查制度执行情况和记录情况，对发现的问题要求立即整改。

158. 自动化系统或设备缺陷处理不及时。（行为违章）

违章内容： 违反国家电网公司《电力调度自动化系统运行管理规定》第二十一条（二）"紧急缺陷 4 小时内处理；重要缺陷24 小时内处理；一般缺陷 2 周内消除"。

应对措施： 完善自动化系统或设备缺陷管理制度，明确缺陷处理各方职责，督促有关单位按要求开展消缺工作，实现全过程闭环管控。对不能按要求及时消除的缺陷要上报上级部门进行备案。

159. 厂站自动化系统或设备未经允许，擅自停电或退出运行。（行为违章）

违章内容： 违反国家电网公司《电力调度自动化系统运行管理规定》第二十条（六）"厂站一次设备退出运行或处于备用、检修状态时，其子站设备（含 AGC 执行装置）均不得停电或退出运行，有特殊情况确需停电或退出运行时，需提前 3 个工作日按规定办理设备停运申请"。

应对措施： 完善厂站自动化系统或设备运行维护管理办法，操作前应经上级机构同意。严禁出现厂站自动化系统未经允许擅自停电或退出运行的行为发生。

160. 调度自动化主站功能投入运行或旧设备永久退出运行时，未履行相应的手续。（行为违章）

违章内容： 违反《电力调度自动化系统运行管理规定》第二

十三条（九）"主站系统投入运行或旧设备永久退出运行，应履行相应的手续"。

应对措施：完善调度自动化系统主站功能投运及退役管理制度，强化系统投运、退运上报审核制度的执行。严肃处置未经上级调控机构同意，擅自开展调度自动化主站功能投入运行或旧设备永久退出运行工作。

161. 一次设备投运时系统模型、图形、实时数据维护不及时、不准确、不完整。（行为违章）

违章内容：违反国家电网公司《电力调度自动化系统运行管理规定》第三十四条（三）"自动化管理部门应在一次设备投产3天前，完成调度技术支持系统中电网模型、图形、实时数据的维护等相关工作"。

应对措施：完善主站系统数据管理规范，规范数据维护流程，对数据维护的实时性、正确性、可靠性提出具体要求。加强对投运时数据不完整行为的考核力度。

162. 更改调度自动化数据库原始数据。（行为违章）

违章内容：违反《电力调度自动化系统运行管理规定》第三十五条（三）"主站数据库内记录的数据都是法定的计量原始数据，不允许任何人改变原始数据"。

应对措施：完善调度自动化系统数据库操作权限管理制度，专人负责数据库管理工作，强化技术管控手段，杜绝更改数据库记录的原始数据。

163. 自动化线缆未设置标牌。（行为违章）

违章内容：违反国家电网公司《信息机房设计及建设规范》第10部分"信息机房设备及线缆两端应贴有标签，标签应选用不易损坏的材料，并符合国家电网公司信息机房标识标准、国家电网公司信息设备命名规范的要求"。

应对措施：严格按照《信息机房设计及建设规范》的要求，

强化自动化线缆标牌维护管理。不定期开展抽查工作，对发现的问题要求立即整改。

164. 电工测量变送器、交流采样测控装置逾期不检验。（行为违章）

违章内容： 违反国家电网公司《电力调度自动化系统运行管理规定》第二十八条"各类电工测量变送器和仪表、交流采样测控装置须按 DL 410—1991《电工测量变送器运行管理规程》和 DL/T 630—1997《交流采样远动终端技术条件》的检验规定进行检定"。

应对措施： 完善自动化设备及仪器仪表设备台账，编制完善定检计划，督促计划执行。定期组织检查，严禁发生未按时检验。

165. 设备不停电状况下进行传动试验。（行为违章）

违章内容： 违反《国家电网公司关于印发〈防止变电站全停十六项措施（试行）〉的通知》第4.2.4条"改、扩建二次设备与运行屏柜的搭接工作，原则上安排在本间隔内一、二次设备传动试验完成后实施，一旦搭接完毕，禁止在相关设备不停电状况下进行任何传动试验"。

应对措施： 完善传动工作的作业指导书；设备传动试验应严格按照检修计划，落实安全措施后方可执行；严禁设备不停电就进行传动试验。

166. 调度技术支撑系统远方操作功能不完善，导致越权操作、误操作、误判断。（装置违章）

违章内容： 违反国家电网公司《调度控制远方操作自动化技术规范》第5部分对电网调度控制远方操作的技术要求。

应对措施： 完善调度技术支持系统远方操作功能实用化验收，建立常态化检修预试工作机制，确保功能满足监控运行要求。

167. 业务接入调度数据网时未履行审批手续。（行为违章）

违章内容： 违反《国家电网公司电力调度数据网管理规定》第二十三条"厂站调度数据网设备接入各级接入网时，由建设管理部门填写调度数据网网络设备/应用系统接入申请单,报相应调度机构审批,由调度机构下达调度数据网接入网网络设备/应用系统接入方式单"。

应对措施:严格按照《国家电网公司电力调度数据网管理规定》的要求,严把申报、审核、批复手续,对未履行接入审批手续的行为进行严肃考核。

168. 新建电厂涉网保护和安全自动装置的配置不满足电网运行要求,相关运行信息未能传至调度端。(行为违章)

违章内容:违反《国家电网调度控制管理规程》第 7.1.5.2 条"发电厂涉网保护和安全自动装置的配置和整定应满足电网运行要求。涉网保护、安全自动装置、故障录波器的运行信息能够远传至调度端"。

应对措施:在新建电厂并网前,对涉网保护和安全自动装置严格把关,电厂调度自动化子站应通过调度数据网与调度自动化主站实现实时数据交互。

八、设备监控管理

169. 监控信息描述不规范,含义不明确,冗余信息量大。(管理违章)

违章内容:违反 Q/GDW 11398—2015《变电站设备监控信息规范》第 4.1 条"设备监控信息应全面完整。设备监控信息应涵盖变电站内一次设备、二次设备及辅助设备,采集应完整准确,描述应简明扼要,满足无人值守变电站调控机构远方故障判断、分析处置要求"。

应对措施:严格执行相关规定,加强新(改、扩)建设备监控信息表的规范编制和审核,常态化开展已投运设备存量数据治理。

170. 监控信息接入或变更未按规定履行各项手续。(行为违章)

违章内容:违反《国家电网公司变电站设备监控信息管理规

定》第三十二条"变电站设备进行检修、改造等工作，造成监控信息变更的，运维检修单位应提前向调控机构提交监控信息接入申请，并在设备投运前与调控机构完成联调验收"。

应对措施：建立健全监控信息接入（变更）申请管理制度，调控机构和运维检修单位严格履行接入（变更）验收许可流程。

171. 监控信息未按规定履行验收工作。（行为违章）

违章内容：违反《国家电网公司变电站设备监控信息接入验收管理规定》第十七条"在满足联调传动验收条件后，调控机构与运维检修单位按照 Q/GDW 11288—2014《变电站集中监控验收技术导则》要求开展设备监控信息联调验收并做好记录。验收内容主要包括技术资料、遥测、遥信、遥控（调）、监控画面及智能电网调度控制系统相关功能"。

应对措施：建立健全监控信息验收管理制度，在变电站设备监控信息满足联调传动验收条件后，按要求履行接入（变更）验收许可流程。

172. 调控机构未对监控信息缺陷正确分级、分类、发布及跟踪。（管理违章）

违章内容：违反国家电网公司《调度集中监控告警信息相关缺陷分类标准（试行）》对各类缺陷分类的规定要求。

应对措施：调控机构严格执行监控信息缺陷管理相关规定，明确管理人员、值班人员及消缺单位职责，对监控信息正确分级、分类，及时发布缺陷信息、跟踪、督促缺陷消除和实施闭环管理。

173. 运维检修管理部门和变电运维检修单位未严格执行监控信息缺陷管理规定。（行为违章）

违章内容：违反《国家电网公司变电站设备监控信息管理规定》第二十五条"调控机构负责对纳入集中监控的变电站设备监控信息进行实时监视，协调运维检修管理部门和变电站运维检修单位对监控信息缺陷进行现场处置"。

应对措施：运维检修管理部门和变电站维检修单位严格执行监控信息缺陷管理规定，及时检查、消除、验收及闭环归档。

174. 变电站纳入集中监控前未履行集中监控许可管理流程。（管理违章）

违章内容： 违反《国家电网公司变电站集中监控许可管理规定》第八条"新建变电站纳入调控机构实施集中监控应执行自查、申请、现场检查、评估、批复、交接的许可管理流程。改、扩建变电站纳入调控机构实施集中监控可参照新建变电站许可管理流程执行"。

应对措施： 建立健全集中监控变电站管理制度，新建变电站纳入调控机构实施集中监控，严格履行接入（变更）验收许可流程。

175. 未建立监控业务评价指标体系。（管理违章）

违章内容： 违反《调控机构设备监控业务评价管理规定（试行）》第三条"设备监控管理处负责建立监控业务评价指标体系，并定期统计、分析、评价与上报"。

应对措施： 建立监控业务评价指标体系，并定期进行统计、分析、评价与上报。评价指标应包括设备监控能效指标及设备监控运行指标。

176. 未正确执行监控职责移交。（行为违章）

违章内容： 违反国家电网公司《调度控制机构设备集中监视管理规定》第十三条至第十五条关于监控职责移交的相关规定。

应对措施： 严格执行《调控机构设备监控信息处置管理规定》，正确开展监控职责临时移交运维单位和收回工作，及时向相关调度汇报，避免出现监控盲区。

177. 未按规定要求进行综自信息验收或使用未经审核的信息表。（行为违章）

违章内容： 违反《国家电网公司变电站设备监控信息接入验收管理规定》第三章接入管理中的"调控机构应及时批复设备监

控信息接入验收申请,并完成智能电网调度控制系统的数据维护、画面制作、数据链接、通道调试等工作"。

应对措施: 验收监控主站系统综自信息、画面、功能时严格把关,对验收中存在的问题及时汇报相关部门或领导;根据相关信息表标准规范,认真审核信息表内容,反馈修改意见;调控机构应及时批复设备监控信息接入验收申请,并完成智能电网调度控制系统的数据维护、画面制作、数据链接、通道调试等工作。

九、网络信息安全

178. 未建立电力监控系统安全防护管理制度,未落实分级负责的责任制。(管理违章)

违章内容: 违反《电力监控系统安全防护规定》第十四条"建立健全电力监控系统安全防护管理制度"。

应对措施: 按照《电力监控系统安全防护规定》的要求,完善本单位电力监控系统安全防护管理制度,明确责任部门,设立专、兼职岗位,定义岗位职责,明确人员分工和技能要求。加强对下一级调度机构、变电站、发电厂涉网部分电力监控系统安全防护的技术监督。

179. 生产控制大区业务系统内部使用带有无线通信功能的设备。(行为违章)

违章内容: 违反《电力监控系统安全防护规定》第十三条"生产控制大区除安全接入区外,应当禁止选用带有无线通信功能的设备"。

应对措施: 电力监控系统生产控制大区业务系统所有使用的无线设备应立即拆除或更换,禁止生产控制大区业务系统通过无线网络连接终端。加大检查力度,对违反规定的行为严肃考核。

180. 生产控制大区用户的账户未采用调度数字证书及安全标签进行加密认证。(行为违章)

违章内容: 违反《电力监控系统安全防护规定》第十二条"依

据电力调度管理体制建立基于公钥技术的分布式电力调度数字证书及安全标签，生产控制大区中的重要业务系统应当采用认证加密机制"。

应对措施：提高调度数字证书系统实用化应用水平，加强生产控制大区人员账户的管理，定期对调度数字证书使用情况进行检查，对发现的问题要求立即整改。

181. 生产控制大区纵向边界未部署经国家指定部门检测认证的电力专用纵向加密认证装置或者加密认证网关。（行为违章）

违章内容：违反《电力监控系统安全防护规定》第十条"在生产控制大区与广域网的纵向联接处应当设置经国家指定部门检测认证的电力专用纵向加密认证装置或者加密认证网关及相应设施"。

应对措施：严格按照《电力监控系统安全防护规定》的要求，部署经过国家指定部门检测认证的电力专用纵向加密认证装置或者加密认证网关，并接入内网安全监视平台。定期检查设备是否部署到位。

182. 生产控制大区与管理信息大区之间未采用横向隔离措施。（行为违章）

违章内容：违反《电力监控系统安全防护规定》第九条"生产控制大区与管理信息大区之间必须设置经国家指定部门检测认证的电力专用横向单向安全隔离装置"。

应对措施：加强对生产控制大区与管理信息大区之间横向单向隔离措施的检查，对发现的问题责令立即整改，并严肃考核。

183. 电力系统安全防护实施方案缺失。（行为违章）

违章内容：违反《电力监控系统安全防护规定》第十五条"安全防护实施方案必须经上级部门批准"的规定。

应对措施：电力调度机构、发电厂、变电站等运行单位须编制完备的安全防护实施方案，并提交上级调度机构及相关专业管理部门审核，严格按照审核后的方案执行。

184. 220kV 及以上变电站生产控制大区未进行安全分区。（行为违章）

违章内容： 违反《变电站监控系统安全防护方案》第三节"220kV 及以上变电站监控系统的生产控制大区应设置控制区和非控制区"。

应对措施： 定期对变电站生产控制大区进行安全分区检查，对发现的问题要求立即整改。

185. 电力监控系统未开展安全防护评估工作，未及时进行等级保护测评。（管理违章）

违章内容： 违反《电力监控系统安全防护规定》第十六条"建立健全电力监控系统安全防护评估制度，采取以自评估为主、检查评估为辅的方式，将电力监控系统安全防护评估纳入电力系统安全评价体系"。

应对措施： 完善自评估、检查评估制度，常态化开展评估和检查工作。建立等级保护备案机制，定期开展等级保护测评。对等级保护测评中发现的问题及时制定整改方案，并督促检查整改落实情况。

186. 未制定电力监控系统网络信息安全的应急预案，或未按期开展应急演练。（行为违章）

违章内容： 违反《电力监控系统安全防护规定》第十七条"建立健全电力监控系统安全的联合防护和应急机制，制定应急预案。电力调度机构负责统一指挥调度范围内的电力监控系统安全应急处理"。

应对措施： 编制电力监控系统安全防护应急预案，定期组织开展演练，根据演练情况不断完善应急预案。

187. 对发现的安全防护告警未按要求及时处理。（行为违章）

违章内容： 违反《国家电网公司电力监控系统网络安全运行

管理规定（试行）》第十五条"发现紧急告警应立即处理，重要告警应在 24 小时内处理，多次出现的一般告警应在 48 小时内处理"。

应对措施：严格按照规定时间，及时处理各等级安全防护告警信息，对因未及时处理造成的网络安全事件，应严肃考核。

188. 地级以上运行管理部门未开展 7×24 小时网络安全运行值班。（行为违章）

违章内容：违反《国家电网公司电力监控系统网络安全运行管理规定（试行）》第九条"地级以上运行管理部门应建立或委托运维单位建立网络安全运行集中监测机制，开展 7×24 小时网络安全运行值班"。

应对措施：建立 7×24 小时网络安全运行值班机制，完善运行值班各项管理制度，提升网络安全运行值班管理水平。建立网络安全运行值班常态化考评机制，发现问题立即整改。

189. 未经归口管理部门批准，进行系统或设备接入生产控制大区调试工作。（行为违章）

违章内容：违反《国家电网公司电力监控系统网络安全运行管理规定（试行）》第二十七条"系统或设备接入生产控制大区前，应采取相关安全防范或加固措施，向对应归口管理部门提交系统接入方案和安全防护方案，经审核批准后方可接入"。

应对措施：加强系统或设备接入生产控制大区的安全防护管理。严禁未经管理部门批准，擅自开展接入调试工作，对违章行为进行严肃考核。